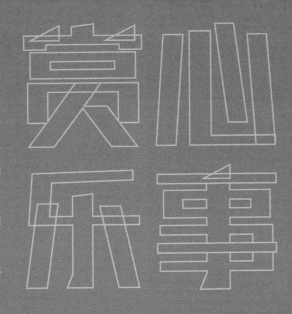

赏心乐事

一位中学学校长给青少年的三堂美育课

田祥平 著

重庆大学出版社

TAKE
GREAT
DELIGHTS
IN
DOING
SOMETHING

美的播种者

庞茂琨

七月的重庆，酷暑炎热，让人按捺不住飞奔向城市之外的远方寻找些许的静谧与清凉。但因教学工作繁忙，我也只能偶尔抽身让自己沉浸在工作室中画画小稿，享受属于个人的片刻静籁时光。几日前，收到田校长打印精美的书稿《赏心乐事》，在前往工作室的路上，便不由得展开想象——面对当下的大数据时代，日趋竞争激烈的高考将中学教育量化为升学指标，教育"内卷"，家长与社会对孩子的教育成长期待倍加，这位潜心中学教学几十年的校长，在不断与数据对抗、与教育现实碰撞中，却能够持续提升中学教学品质精益求精的标准，为莘莘学子个性化成长营造丰富的校园文化，使南开中学成为重庆乃至国内屈指可数、令无数家长和孩子们向往的理想中学。硕果累累的背后一定是高强度的管理工作与难以估量的繁杂琐事，其间还会有哪些赏心之事？带着这样的想象，坐在原本要继续创作的画架前，我不自觉地打开了这本书，试图去破解田校长的乐事密码。

田校长是重庆教育界的流量担当，是家长和学子们心中的明星校长。他对教育管理的专业认知与卓越贡献业已成为重庆教育界的典范。我一直对田校长尊重有加，开始翻阅又惊喜地发现，我们年龄相仿，经历也颇为相似，都出生在重庆，成长于工业味浓重的社区大厂，之后通过专业学习走进学校，从一名老师逐渐成为一名教学管理者。相似的经历，不一样的心境，是什么样的诗意栖居成就了如此美好的人生？

"点燃生命，享受人生"是田校长在一张拍摄的风信子照片上备注的花语，这也更像是对生活与人生抱有高昂的热情，通达领悟之后，元气满满的个性 slogan。在田校长的"赏心乐事"里，你会发现诗意的栖居并不一定是对远方的寄语，在当下，在生活的日常，只要心有所向，发现即是美好的诗意显现。

——

可以说，田校长是一位敏锐的生活捕捉者——他不钝于生活，不困于现实，总能在日常中发现惊喜的不寻常：对落叶缤纷的黄葛树的细腻情怀，对闻香追拍蜡梅的感慨……三友路，这条走了上万次的校园小路，他依然可以找到美好。他是一位对美的忠实记录者和极致的观察者——可以猜到，美食、美景、美作在田校长的生活中都是不能错过的美事；同时，他在游艺途中的摄影作品里记录了你不容错过的美术馆、博物馆，令田校长心心念念、没有喝到舞台咖啡的布宜诺斯艾利斯的书店，还有充满神秘艺术气质的布达拉宫，无处不彰显着田校长富足且精致的精神世界。

然而回到专业本身，田校长仍是一位执着于实践、初心不变的教育专家——因为这一切美好的发现都发生在他所心系的校园里，记录的是他繁忙工作的日常，即使到了校园之外的远方也都是他在教学考察的路上。他会被藏文老师厚重的家学传承而打动；他会在看到疫情期间老师们为准备教材而被汗水打湿的口罩时而动容；他更是形象地把自己比作"导游"与学生教学相长，把学生带入自己诗意的人生风景中，撒播美的种子，在人生的不经意间发现美好、创造美好。

对美的捕捉与鉴赏是一种能力，更是一种情怀和修养。对生活没有充分的想象和热情，难以尽享人生畅快。合上书本，我还要继续画画，此时的田校长是否又拿起手机记录到了这一刻的精彩？

愿在任重道远的美育路上，以培养更多"为中华之崛起而读书"的少年成长成才为己任，美美与共，静待海棠花又开！

做美的传播者，共勉之，是为序！

美是人生的幸福密码

田祥平

现实世界很残酷，人生轨迹也多曲折，身处其中的我们只有勇敢、坚毅地面对，才能笑对人生，而最好的办法就是有能力治愈各种"创伤"，体验形形色色美好的事物，并由此化作内心的力量。美好的事物是一种具有治愈性的媒介，能够引领我们跨越沮丧，抚慰我们受伤的心灵，促使我们成为更好的自己。

我是在工厂社区长大的小孩，从出生到初中毕业几乎都在工厂家属区里生活。厂区在长江边，江边有嶙峋的怪石和柔软的沙滩，在河岸边、河水里可以看到四季的变换。春天江边水凼里有蝌蚪和好看的桃花水母，冬天混浊的江水在夏天会变得澄清如绿宝石；晨曦微雾的早晨有时隐时现的打鱼船，傍晚时分金盘般的太阳映红一江东流水后，便慢慢沉入远山的后面。这些都是我脑海里刻下的相机无法复制的画面。在我成长的年代，美育并不受待见，但大自然却将美育滋养不足的缺憾都给我弥补上了。对美的追求和欣赏是刻在人类基因深处的，大自然是最好的审美课堂，能让我们在四季变化中感受美。

厂区里有幼儿园、小学和中学，有职工大学，还有广场、露天舞台、剧场和灯光球场，遗憾的是没有美术馆，更没有博物馆。广场边宣传橱窗里时有厂区生活的摄影作品展，那已是极奢侈的美好时光。我在露天舞台上看过芭蕾舞剧《红色娘子军》表演，在剧场里看过杂技，在广场上复习过多次《地道战》《地雷战》《南征北战》和八个"样板戏"的露天电影，最让我印象深刻和喜欢的是南斯拉夫电影《瓦尔特保卫萨拉热窝》。这些看似简陋的艺术生活在我最需要艺术和美育滋养的成长阶段，给了我最起码的美育熏陶，培养了我感知事物细微之处的能力，并从中真切地享受到快乐。过一种诗意的人生需要有鉴美的能力，而鉴美的能力是需要唤醒和培养的。

随着社会的飞速发展，美育已是教育中的"磨刀石"，它既包含鉴美、情操、心智，也关乎思想、道德和精神。日常的衣、食、住、行里也有美，美育是人成长中不可或缺的浸润过程。美国思想家梭罗在《种子的信仰》里说道："如果你在地里挖一个池塘，很快就会有水鸟、两栖动物及各种鱼，还有常见的水生植物，如百合等。你一旦挖好池塘，自然就开始往里面填东西。尽管你也许没有看见种子是如何、何时落到那里的，自然看着它呢……这样种子开始到来了。"对小孩的美育，我们就是挖一个生活的"池塘"，将"良辰、美景、赏心、乐事"填进孩子们的心灵，在体验"赏心乐事"的过程中培养他们的感知力、想象力、理解力和创造力，为以后的人生打下坚实的基础。

有审美的能力，又有鉴美的工具，进而崇尚美、创造美，从诗意地栖居，到提升人生境界，最终成为最好的自己。疫情反弹，沈阳大学封闭校园并进行全员核酸检测。一天，学校体育馆核酸检测点现场突然响起了悠扬的小提琴声，这是师范学院 2020 级化学系的黄兴儒同学特地到体育馆为做核酸检测的同学们拉琴，《我爱你，中国》《我和我的祖国》《一步之遥》……一首接着一首。体育馆里回响着熟悉而动人的旋律，琴声温暖，直抵人心，排队的同学们不再无聊和紧张，大家的心情也随之轻松了许多。尚美能够塑造健全人格，就像黄兴儒同学说的那样，"在困境中，也要保持对美好的向往"。

中共中央办公厅、国务院办公厅印发的《关于全面加强和改进新时代学校美育工作的意见》特别指出：美是纯洁道德、丰富精神的重要源泉。朱光潜曾说："心里印着美的意象，常受美的意象浸润，自然也可以少存些浊念。苏东坡诗说：'宁可食无肉，不可居无竹；无肉令人瘦，无竹令人俗。'竹不过是美的形象之一种，一切美的事物都有不令人俗的功效。"

美好的事物能让我们保持乐观的心态，"乐观是成功的一项重要元素"，人生的成功就是幸福生活一辈子。

目录

审美的情感

2020 年 10 月，中共中央办公厅、国务院办公厅印发了《关于全面加强和改进新时代学校美育工作的意见》，要求把美育纳入学校人才培养的全过程，以美育人、以美化人、以美培元，五育并举以提高学生的审美能力和人文素养。

美是非常主观的，有人觉得美得不可方物的东西，在另外一些人眼里简直不值一提。什么样的形式是美的，有共同的认知吗？

北京师范大学出版社出版的《数学》九年级上册第四章《图形的相似》里，对黄金分割有专门的讲解——"耐人寻味的 0.618"。其实美的形式在公元前 2000 多年就有定论，毕达哥拉斯提出的"黄金分割"被认为是建筑和艺术中最理想的比例。建筑师们对数字 0.618 尤为偏爱，无论是古埃及金字塔，还是古希腊帕特农神庙，无论是巴黎圣母院，还是埃菲尔铁塔，都有与 0.618 有关的数据。这些形式是美的，因为它符合人的审美情感。

让人愉悦的形式美比比皆是，如色彩、形状、线条等。色彩作为外界对人的感官信息，被赋予了情感的属性，如红色代表热情奔放、活泼振奋；白色寓意清纯淡雅、干净圣洁等。除了色彩，各种形状也能产生美感，如反差、平衡、对称和节奏。另外，不同的线条也能让人产生审美共鸣，如直线让人感到力量和稳定，曲线显得优美而婉转，折线给人以转折和突然的变化之感。色彩、形状和线条也可以组合成千变万化的形式，让美更显复杂且各具风格。

形式的美，是美的基础，是真实的美，是能让人产生喜悦的美。

四川色达　　　　　风云翻滚的天空，云卷云舒

广阔天地，雨后蓝天，
不禁让人想起毛泽东的
诗："赤橙黄绿青蓝紫，
谁持彩练当空舞？"

四川甘孜

天边

"天边有一对双星，那是我梦中的眼睛……天边有一棵大树，那是我心中的绿荫……"当悠扬的歌声从扬声器中缓缓流出时，你的眼前一定出现了蓝蓝的天空、漫山遍野的羊群、河边散落的蒙古包……这就是由布仁巴雅尔演唱的《天边》。说起布仁巴雅尔，也许你不太熟悉，但说起春晚上《吉祥三宝》的男主唱，你一定马上就知道他是谁了。

这张 CD 有两个版本：一个是普通的 DSD 版，片号是 POLONMS-10099-2；另一个是 SACD 版，片号是 POLOSAS-60001-3。SACD 版的价格是普通版的四倍，但是如果只从听觉来说，SACD 版是值不回票价的。出品方为了给听众一点补偿，在 SACD 版中附送了布仁巴雅尔《父亲的草原母亲的河》的 MV、《吉祥三宝》的动画版 DVD 等。不过 SACD 版的人声定位、各声部的交代、动态和堂音以及整体的平衡感都比普通的 DSD 版要出色，人声清润，音乐震撼。

两个版本的 Track3 都是《父亲的草原母亲的河》，开场的长调非常有蒙古韵味，而席慕蓉的诗为这动听的曲打下了坚实的基础，布仁巴雅尔准确地表达了席慕蓉的诗歌主题和意境，这首歌的曲风与《天边》非常相似。"我也是草原的孩子啊，心里有一首歌……"感动、感动、非常感动，布仁巴雅尔的歌声完全感染了我。专辑中《母亲》《呼伦贝尔大草原》都有较高的水准，人声温暖、意境优美。

专辑里我最爱的还是《天边》，布仁巴雅尔在诠释这首歌曲时深情款款，他把对歌词的理解准确地用歌声表达了出来——声音深情，非常有蒙古族的韵味，也许这和他出生在呼伦贝尔大草原有关。另外，陈悦开场和结尾的箫声让人印象深刻，为该 Track 增色不少。

我的心爱在天边，天边有一片辽阔的大草原。

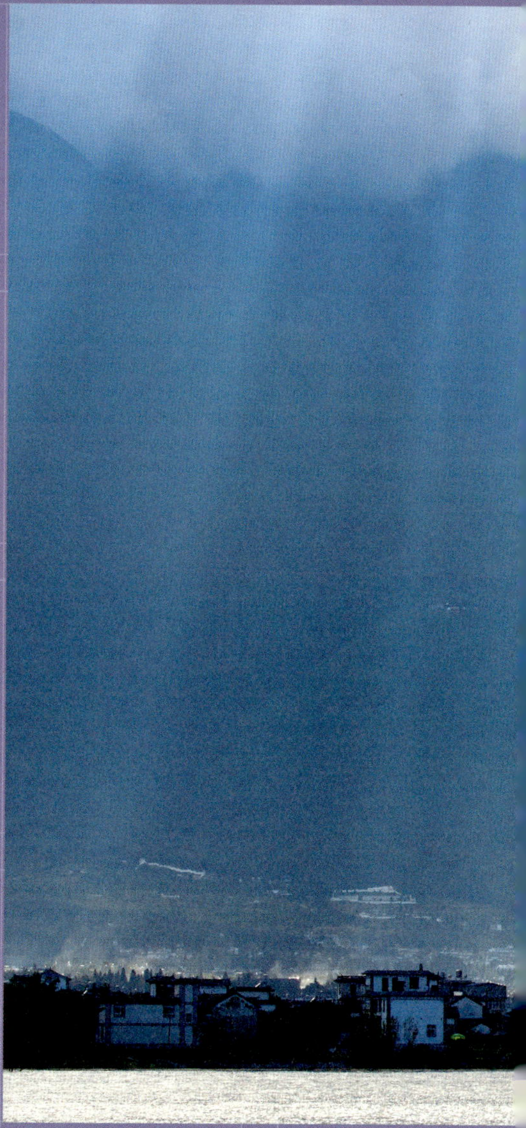

云南大理　　　　追光灯已开启，谁要登场？

云南大理　　　　渔舟唱晚——地球上人才是最美的风景

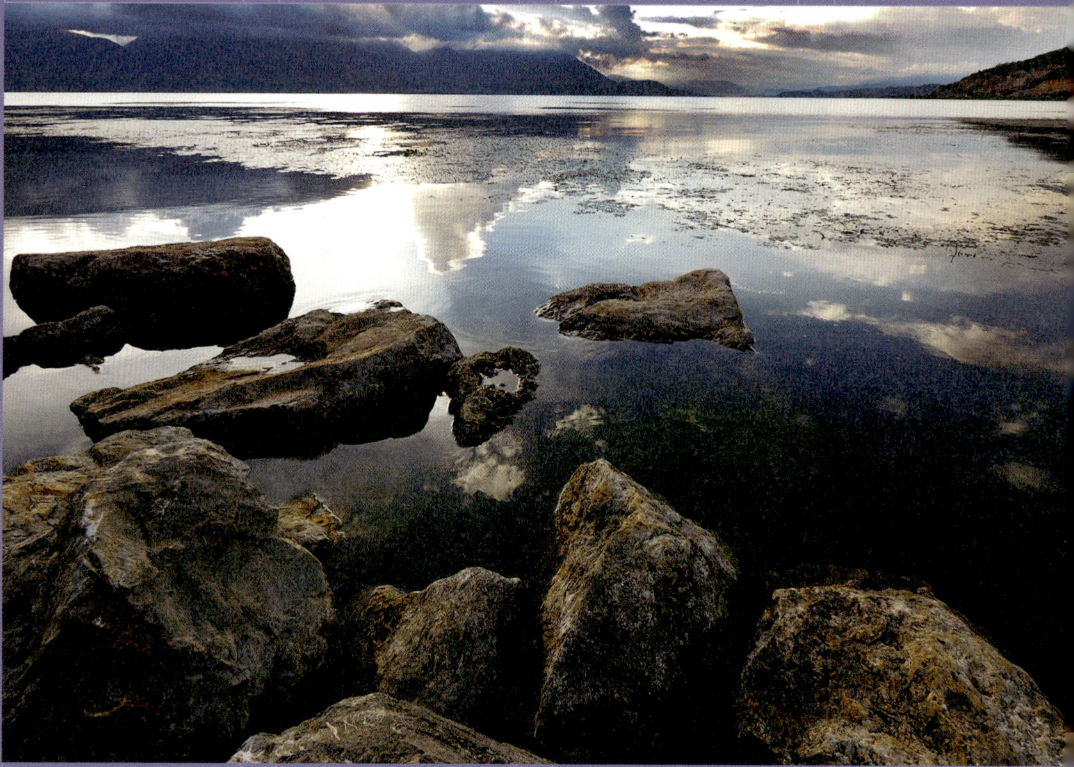

云南大理　　　　　　名叫海的高原湖泊——不一样的洱海

一个人的束河

艳阳天、微风天，一个人走在束河古镇光溜溜的青石板路上。时间在古镇上空滞留徘徊着，慢慢地流逝，阳光透过树枝迷离着双眼，潺潺小河滑过赤足背，那是从玉龙雪山上流下的雪水，一只小狗从我身后旁若无人地慢慢走过。这个深秋我一个人在束河。

曾经的茶马重镇——束河，早已湮没在历史的长河中，现在的束河在1997年就被联合国教科文组织列为丽江古城世界文化遗产的重要组成部分。

打车从丽江大研古镇出发到束河古镇不到20分钟，但是束河不像大研古镇那样过度商业化，人也没有大研古镇多。你可以一个人在它的小街上走走停停打发时间。我在一家卖户外用品的小店里看上了一件冲锋衣，但是找遍店内外也没有找到主人，一声叹息，只好作罢。不过这让我感受了真正的束河。

午餐在农家小院里吃了几道当地小菜，饭后找一个咖啡馆坐下，要了一杯咖啡，口味不太地道。没关系，我知道最好喝的咖啡不在束河。我教了烹咖啡的小妹两招，她对我反复道谢，这是题外话。

坐在窗边看蓝天上云卷云舒，看小河里水草浮动，看农夫在远处耕耘，看古老的四方街上大娘们的随歌舞动，看青龙桥边男人捉对厮杀、对棋博弈……

渐渐地，一个人的下午就这样缓缓地过去。

冰岛　　　　　　　冰钻石

冰岛　　　　　　冰雪奇缘之歌

冰岛　　　　　　　　　呼吸清冽空气，看到冰川壮阔，大自然向我扑来。美景与乐事等你来欣赏

冰岛　　　　　　风吹草低没牛羊，是另一种美

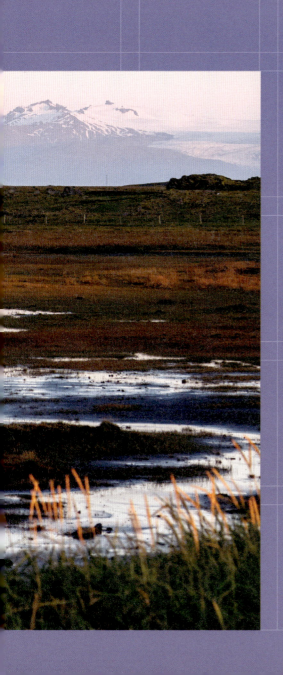

冰岛　　　　　　牧场承载了太多人的梦

美好世界，与你共享

教与学的过程就是为了让师生从中获得美好的事物。

与朋友再次来到重庆某一地道古镇。与过去不同，这次有一名解说导游随行。随着我们在古镇楼宇、街道、屋檐下穿梭，各地的历史掌故从导游口中"溜"出来，让古镇的一切从历史的尘烟中鲜活了起来。一个故事接一段历史，一段历史接一段掌故，一段掌故接一则趣闻，就像把散落在古镇各处的珍珠攒成一串，为古镇戴上洁白而神圣的光环。

两次游同一个古镇，体会为何会有如此差异？我想最大的功劳应归于伴游的导游。其实，外出旅行的人都会有这样的体会：自然景致的美，通过我们的感官可直观感受，美壮不用人言；人文景观承载的是文化和历史，厚重而严肃，这就需要一名好导游，让他于历史的纵横中、在浩瀚的文海里、在精妙的历史趣闻中，为你取上一瓢历史文化精华的萃饮。

我为什么喜欢到处走走看看？因为我希望自己是一名导游，在教与学的过程中和他们分享美好的事物。我甚至希望我的课堂就像一场旅行，与学生们分享我的所见、所思、所感、所悟。一堂好课必然讲好一个学科故事，引领学生在"旅行"中体验文学的瑰丽，感受物理、化学的理性和神奇，体会哲学的深邃。

地球上有什么样的人，什么样的食物，什么样的微笑，又有什么样的沮丧呢？用眼睛、鼻子、耳朵，当然还有大脑，好好感受和接收，在充分体会的过程中，学生大脑接受信息的能力将呈几何级数增长。

有人认为，教师就是助产士；我认为，教师还是导游。当你把"游客"引入奇幻的科学世界和魔幻的文学世界，为他们清晰讲解每一段历史的渊源、每一个实验仪器产生的故事，美好的课堂就从旅行开始。美好的世界不能因为选择了专业而孤寂，要与它共享你自由而美好的世界。

美国休斯敦　　　色彩缤纷的建筑

日本大阪

童话王国一般的舞洲
垃圾处理厂

美国西雅图　　　太空针塔

新加坡　　　这座建筑居然是垃圾焚烧厂的一部分，
想象力永远是稀缺资源

重庆　　　　　　　　　过年时分，烟花妖娆

美国密歇根州　　　飞鸟撞入云与月的世界，画面顿时有了生气

黑龙江雪乡

南方人在这样的场景面前会非常激动，不禁让人想起了"天寒霜雪繁，游子有所之。"

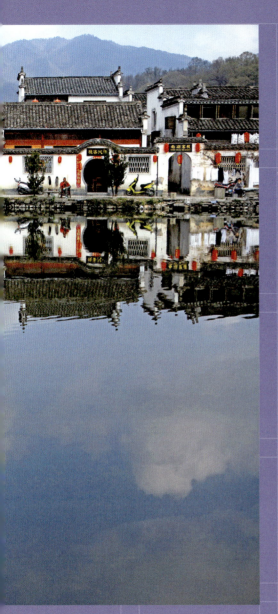

安徽黟县

宁静、美丽的村庄

安徽黟县

安徽黟县　金灿灿的油菜花在徽派民居前竞相怒放，阳光穿过薄雾照在层层峰峦上，乡间的生活景象若隐若现，构成人间天堂般的绝美画卷

安徽黟县

人的大脑没有无限容量，为了记住更多的精彩，就
有了艺术——绘画

英国人把这叫门，
我们一定会说这是象鼻

英国杜德尔门

山东泰山

你从云雾里来，
彼此遥相对望，也是有缘

中国香港

王小波说："在我一生的黄金时代，我有好多奢望。我想爱，想吃，还想在一瞬间变成天上半明半暗的云。"在水泥森林里更要有敏锐感知四季的能力

法国尼斯

英国人大道旁的海边，不是沙滩，是少见的卵石滩，白天人满为患，几乎没有机会插足。趁太阳升起之前赶到海边，踩着均匀的卵石，海风徐徐吹来，太阳从小山后冉冉升起，给停在岸边的游艇和空无一人的沙滩椅镀上一层金，喧嚣好像从来没有发生过一样

日本静冈

山前的民居让富士山有了烟火气息，而且它还戴上了斗笠，这时脑子只有《诗经·小雅·无羊》："尔牧来思，何蓑何笠，或负其糇。"

美国西雅图 | 太空针塔　　想要吸引眼球，就得"顶天立地"

海南三亚　　　　诗人海子说："活在这珍贵的人间，太阳强烈，水波温柔。"

日本静冈　　　　　夕阳无限好，云披黄金甲

美国莱斯大学　　　　看到此场景，想起了三友路的参天黄葛树

重庆南开中学　　　三友路的黄葛树

西藏拉萨　　　　　红白相间的布达拉宫，圣洁、纯粹

西藏拉萨　　　高原湖泊像地球的一滴眼泪

西藏林芝　　　　没有日照金山，南迦巴瓦峰也是美的

桃李湖的残荷

中午在食堂吃饭时，同事让我把今天难得的艳阳天拍摄下来，看来大家对重庆冬天的太阳有着特殊的情感，物以稀为贵。

一直想在冬日暖阳天拍残荷，但重庆的冬天光线阴暗，真是没有机会，难得今天有个艳阳天，终可如愿。只是学校桃李湖中残荷的形态不太符合我对摄影的要求，但仔细观察又可以发现美的地方。

来到桃李湖边，曾经出清水、舞姿曼妙的凌波仙子早已难觅仙踪，仿佛一夜间繁华尽褪，独留残叶与冬影。午后的阳光，很是难得，温暖中仍有一丝寒意。我静静地看着塘中残荷，它们有的在荷梗上留下了青褐色的残叶，有的荷秆驼屈。荷叶有的从边缘断开，有的从中间断开，有的像畏惧冬日严寒，巧把黑色荷衣蜷一团。看着这样的残荷，让我完全感受不到凌波仙子善舞袖、初春几度入梦来的意境。

枯萎的莲蓬有的高立着，在肃杀的冬日里显得形单影只。有的莲蓬籽半入塘泥，仿佛又让人看到了春的生机，莲子与莲藕暂且先把芳华敛，默默增强生命力。待明年春风唤醒，莲子破塘泥，莲藕发新芽，又将是一场精彩的轮回。

想起李商隐的诗句："秋阴不散霜飞晚，留得枯荷听雨声。"

重庆南开中学　　　桃花两瓣，感受四季的变换

重庆南开中学　　　　　夏天，没有锣鼓喧天，乘着光影就来了

云南丽江文海

任何设计师在自然这
位色彩大师面前都是
小学生

重庆大足

重庆大足 　　　　落花不愿随流水

重庆大足

劳动好处多！在劳动中不仅能知道"汗滴禾下土"，还能增强生存能力；在劳动中身体不仅可以释放让人感到快乐的内啡肽，促进心理健康，还可以增强小伙伴间的凝聚力，更加珍惜劳动成果

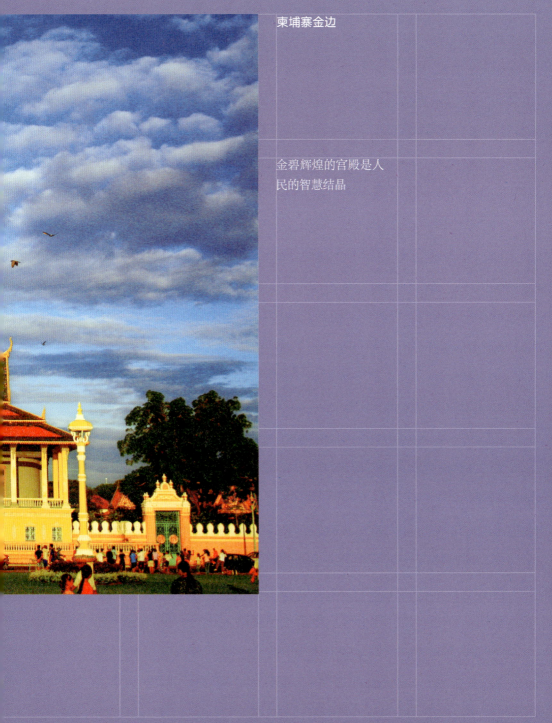

柬埔寨金边

金碧辉煌的宫殿是人
民的智慧结晶

比窦娥还冤的 "贵妃"

到金边一定要到柬埔寨皇宫去看看。

在洞里萨河畔，青翠欲滴的绿树掩映下的金色皇宫，优美的屋檐漫卷向天，极具 "高棉" 特色。皇宫内到处都是金色，显得富丽堂皇，与皇宫外朴素的民居形成鲜明的对照。

皇宫内共有 20 多座建筑，比起中国的故宫简直小太多了，但滴翠的绿和金色的宫殿还是让人印象深刻。由于宫殿还在使用，显得有人气和生气，不像故宫大而寂寞。柬埔寨皇宫不似故宫围绕中轴线对称而建，而是错落有致，在草坪、花园的搭配下让人赏心悦目。

导游解说，皇宫内精美壁画的下面已损坏，它们是被"贵妃"们摸坏的。我不禁疑惑：这些"贵妃"竟连自己的家都不爱惜？我把这想法告诉导游，她说这不是"贵妃"们的家。我心想也是，皇宫是国王的家，"贵妃"不是真正的主人。导游看我一脸茫然，她也显得茫然。最后我才弄明白，原来摸坏这些壁画的是来访的游客，导游把"贵宾"发音成了"贵妃"，这可真把"贵妃"冤死了。现在为了防止游客再"抚摸"壁画，管理人员用绳子把"贵宾"们与壁画隔离开，让贵手再也摸不到壁画，皇宫便还是"贵妃"的家了。

重庆武隆 农家小院的色彩也不输画家的调色板

德国汉诺威　　　　站在一望无垠的麦田前，心胸也开阔了起来

柬埔寨洞里萨河　　　　　河道上繁忙的船预示着一天的开始

瑞士采尔马特　　　山就在那里，如果正巧山前还有一汪水，简直让人欲罢不能地喜欢

蒙古国　　　　　　　　　大地之美超乎人的想象

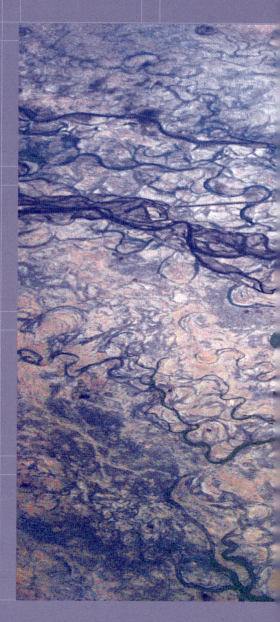

遇见草原，遇见你

美牛

在草原上遇到牛羊是太正常的事。这次居然遇到了利木赞牛。这牛可是大有来头，据说是 1973 年蓬皮杜访华时送给周恩来总理的礼物，它从利木赞高原来到了蒙古高原。从那时到现在这牛经历了什么？肯定有不一样的故事，现在看到它，还是那么漂亮、强壮。利木赞牛产肉性能高，眼肌面积大，前后肢肌肉丰满，可是要想尝味就只有下次了。

美味

有人说，来自重庆的人，貌似站在美味鄙视端的顶层，但是在草原上，请你谦虚点儿。奶茶、手抓羊肉、炸蒙古果子、奶豆腐……小心，不要把舌头吞到肚子里。最好吃的是小肉饼，没有之一。

美景

站在草原上，从任何一个方向望出去都是一景，用相机拍下来就是屏保，就是明信片。当重庆气温超过 40 摄氏度时，站在气温 20 摄氏度左右的草原上，心情就是最好的风景。

文化

到了草原一定会撞上草原文化——到元上都遗址去怀古，去博物馆里学历史，去科尔沁草原策马奔腾……欣赏马头琴演奏，聆听优美的长调，还想研究一下招牌上像麻花一样美丽的蒙古文。

云南丽江　　　有阳刚之美的玉龙雪山和马特洪峰是友好山

瑞士因特拉肯　　　雪山成了庇护山民的神

瑞士少女峰

美国旧金山　　　　　　都可以飞，都招人爱

重庆大渡口　　　　　　风景由心生。透过春花，水泥大桥也柔软了许多

德国汉堡

日本神户

现代工程技术之美有别于大自然

新加坡

美国芝加哥　　　赛博朋克般城市之夜

上海　　　　　　魔都，魔幻之城，非徒有虚名

鉴美的情趣

重庆南开中学的校园里有一处历史建筑群——津南村，它由 17 幢北方四合院组成。这里最初是教师宿舍，经过岁月流转现在已成为博物馆、展览室、校友会、社团活动中心和清南学堂等功能室，也成了重庆市文物保护单位。学生在津南村开展教育教学活动时，能欣赏有 85 年历史的老院落，鉴赏这些老房子的工艺、色彩、质感和结构等视觉元素。通过如此美的景致，学生们可以了解这些建筑的特点、南开的教育理念和历史，体会美感不仅存在于艺术作品里，我们的生活也处处都有美——美存在于我们的日常生活中。

我们要随时随地体验美的色彩、美的形态、美的时光、美的风景……慢慢地，我们就提高了审美力，拥有了鉴美的能力和情趣，我们的生活也将满眼是美。

其实很多时候，美育就是养育出对细节的洞察力和对美好事物的感知力。鉴美能力需要培养，方法不外是沉浸式体验学习，对多元文化的包容和认同、对美的自我感悟。

我希望数学考满分的同学能理解贝多芬的特别情绪和他的音乐的社会背景、哲学基础；做一手精确化学实验的同学能喜欢达·芬奇《蒙娜丽莎》的微笑，看到路易斯·布尔乔亚的雕塑《妈妈》（*Maman*）会莞尔；知道牛顿三大定律攻略的同学也知道川菜与粤菜的由来和区别，成为美食鉴赏家。

鉴美的情趣是一生的修养，愿我们的人生旅程一直指向"美的目的地"。

重庆南岸

元宇宙时代的花。想象一下未来花的样子，肯定不是眼前这朵

我家养了猪

一天，看到街边小店的看板上站着一只猫，它让我有触电的感觉——这只猫的毛色与我家曾经喂养的猪的毛色几乎一模一样。

寒假结束后，我们一家三口从父母家回到津南村4号，急忙去看院子里的荷兰猪。我们被眼前的情景惊呆了，笼子里的荷兰猪变成了一只乌龟……

说来话长，同事樊美勤家养了宠物荷兰猪。其实这不是猪，是豚鼠，身披黑、白、金三种颜色，憨态可掬、娇小玲珑，这只猪是他家女儿的心头宠。可是小猪也有缺点——要啃东西磨牙，这也是它的天性，把樊老师家的沙发腿、柜门、鞋子咬得面目全非，惨不忍睹。爸爸威胁要把它甩出去，可女儿死活不肯，为这事儿，父女俩矛盾不断，冲突连连。有一天，女儿放学回家，爸爸告诉她，因为门没关好，小猪逃掉了。女儿大哭，可没有办法呀，谁叫爸爸没有把门关好呢？其实，这是一个阴谋！爸爸忍无可忍下，想到我家有一个院子，瞒着女儿把小猪用篮子装到我家来，从此我家开始养"猪"了——樊家女儿好伤心，我家女儿欢天喜地。

独生子女在家没有玩伴是一个大问题，而宠物是一个很好的替代物。女儿一直想养一只小狗，好陪她玩，可是我们养人都忙不过来，怎么可能养狗。女儿一直有些微词，我们只有糊弄她说，以后不忙了再养。可是，可是……女儿现已长大成人，好像我们也没有时间养狗。

闲话少说，自从小猪来到我家，买菜时要为它多买一把菜，为它打扫猪舍……但它也给我们带来不少欢乐。下班回家后，给小猪投食也是一种放松，而且家里的话题也多了一个——喂猪。

放寒假了，我们一家就会回到爷爷、奶奶家，这样妻子上班也近些，可问题来了：爷爷、奶奶住在公寓，不可能养猪。我只好把小猪留在津南村的院子里，委托邻居陈四海老师帮我们照顾。俗话说"远亲不如近邻"，说的就是这个理。陈老师家只有两个儿子，他们夫妇俩一向喜欢梦境这个乖乖女，帮她照顾小猪也是"爱屋及乌"了。

寒假过完回到津南村，便发生了文章开始的那一幕。

原来，陈老师一家尽心尽力地为女儿养猪，又是买猪食，又是打扫猪舍。可万密也有一疏，一天猪舍的小门没关牢，小猪逃之夭夭，这可急坏了陈老师一家。他们能想到的办法之一是找吧，可是小猪玲珑，藏在什么地方也不知道，到哪里去找，着急呀！陈老师夫妇俩又想到了第二个主意——到宠物市场去买一只吧，可是春节期间哪有荷兰猪卖。眼看开学临近，我们又要回来了，到时怎样向梦境交代？情急之中，他们在宠物市场买了个大小相当的乌龟放进猪舍里。

好在女儿回到津南村也不哭不闹，因为有了一个宠物新品种，何乐而不为呢？小孩子就是小孩子，好哄的。

大清早，一阵急促的敲门声把我们一家从睡梦中惊醒，只听门外陈四海老师兴奋地喊："小猪找到了。"原来豚鼠逃离猪舍后并没有走远，它在津南村的垃圾堆里安了家，一直快乐地在野外生活着，早晨陈老师的先生蒋老师到垃圾堆丢垃圾发现了小猪的踪迹。大清早两家人成功围捕，小猪终于又回到了猪舍。其实，陈四海老师家一直都惦记着小猪，从此家里便有了两个宠物——猪和乌龟。

现代社会中，宠物的意义是孤单的人类不仅有一个单纯、美好而有趣的伙伴，更是培养耐心、爱心和责任心的好帮手。

重庆　　　　　　　"春种一粒粟，秋收万颗子。"人、牛就是天地间春水里的主角

印度尼西亚巴淡岛
种子发芽，预示着美好的未来

让生命焕发美丽光芒

在飞速发展的现代社会，有的人遇到困难打不开心结时会采取过激行为，甚至放弃生活的勇气，让人很是心痛。很多年前，一个学生在三友路上问过我："人活着是为了什么？为什么活着？"这个问题也许是每一个人都问过的问题，好像太难找到答案，很多时候就不了了之。更多的时候，我们不愿意碰触这一话题，但是生命教育、生死教育又是我们必须面对的问题。

简单地从得到与付出的平衡来理解生命的意义，为了人类生存而成为我们的食物、用品的动物和植物做出了巨大的牺牲，我们没有理由不珍惜生命、不坚强地活着。人类不是孤岛，从我们来到世界上的那一刻起，生命就不完全是自己的，它与亲人、朋友联系在了一起，它是爱你的人和你爱的人共同拥有的珍宝。

要深刻把握这个问题，也许是哲学家的工作，但是我们身边的点点滴滴也让生命的过程显得格外美好。春天的花、秋天的云是我们活下去的理由；婴儿的笑脸、母亲的怀抱是我们活下去的理由；美味佳肴、温润陶瓷是我们活下去的理由；因洗衣服时发现口袋里有忘了的百元大钞而感到小确幸是我们活下去的理由；一道百思不得其解的题终于找到了正确答案是我们活下去的理由；地铁上忽然遇到刚才想念的人是我们活下去的理由……我们只有虔诚地感谢生命的精彩，没有放弃生命的权利。

纪录片《寰宇视野·生命的力量》里有这样的情景：海龟妈妈在沙滩上产下卵，孵出来的小海龟从沙滩到海里的路途充满了危险，秃鹫阻拦了小海龟游向深海的路，朵颐着小海龟；小海龟太弱小，寄居蟹也来分享海龟盛宴；小海龟就是千辛万苦到了大海里也不安全，海鸟一个猛子扎下来，小海龟就被叼走了。沙滩上成千上万的小海龟，最后逃过劫难的只有7%。生命的意义就是战胜各种艰难险阻，最后勇敢地生活，让生命焕发出永恒美丽的光芒。

云南大理　　　　小老虎寄托了对下一代健康成长的美好愿望

云南丽江　　　中国地大，东西南北的风俗差异很大，各地都有米
花糖。这是丽江地区过年时家家户户都要做的年货
米花糖，充满喜庆

云南大理　　　　菜市场的色彩也让人惊艳

江西婺源　　　　　农家的日常成了很多人留住乡愁的载体

江西九江　　　　鞭炮齐鸣年味浓，红红火火过大年

自信的一碗茶

三角粑豆浆油条、糍粑块馒头花卷、抄手小面蒸饺、锅盔烧饼稀饭，用手指头加上脚趾头齐上阵也数不完丰富多彩的重庆早餐，但是油茶作为重庆特色早餐必须得数上。其实油茶与茶没有一点儿关系，形象地说，油茶就是浓稠的米糊糊，加上油炸的松脆馓子，撒上香酥的黄豆、花生碎和榨菜粒，再添上葱花和香菜末，浇上酱油和油辣子海椒，一碗美味又饱腹的家乡味早餐就做成了。

武隆是个好地方，有仙女山、白马山，有天生三桥和芙蓉洞，还有油茶。但这碗油茶可不是米糊糊了，而与茶有大大的关系。

一大早便来到武隆街边的一家小店吃早饭，点了据说必吃的油茶。小店没有店名，只有"豆花饭油茶"几个大字在门楣上。油茶上桌后完全颠覆了我对它的认知，分明是颜色浓厚的一碗汤，不用勺子帮忙根本不知汤中乾坤。原来武隆的油茶来源于仡佬族的传统，由于行政区划的调整，把贵州仡佬族聚居的浩口乡等划归了武隆，那一带盛行的茶品——油茶也顺势到来，并流行于武隆城乡。当地油茶的做法是用猪油将茶叶煎炒捣碎，加水在锅中熬煮后，滤出茶渣，在煮沸的茶羹中按不同喜好加入蛋花、猪油渣、腊肉丁、核桃和花生米等，用盐、香葱、花椒粉和芝麻等作料调味，一碗颜色厚重、茶香浓郁、茶味醇酽而直接的油茶就可以享用了。入口，略显苦涩浓稠的汤汁滑过口舌，这是从未体验过的口感，一时半会儿身体还不太接受，看到邻桌一个学龄大小的小朋友大口喝着油茶，让我有点莫名的不解。仡佬族有"几天不吃油茶汤，心里就憋得慌，眼睛发雾，走路也要打捞蹿"的说法，据说早晨一碗油茶下肚，浑身来劲，头脑清醒，因此在武隆也把油茶称为"提神醒脑汤"。再舀一勺混有油渣、花生和蛋花的油茶入口，细细品味，茶香、油脂香和花生的焦香慢慢在口中充盈，后又有茶味的回甘，这时才刚刚开始领悟油茶的美妙。

早餐如果只喝油茶会饿得快，再点一碗配有直击灵魂的蘸水菜豆花和被叫作二糙饭的玉米饭，吃到肚子圆鼓鼓的，这一天方能头脑清醒，"力可抬牛"是不在话下了。

好奇这家小店没有店名，周姓老板说不用的，在武隆城里有40多家卖油茶的店，只要说到武隆的油茶，当地人都知道他家店的油茶是最好喝的，周老板完全不理会现代广告营销原理，自信爆棚。这家店三十多年来，从与贵州交界的白马一路开到武隆城里，油茶价格从一元涨到六元，养活了有两个儿子的一家人，他家的油茶和菜豆花有多美味就不用我赘述了。

据说油茶还有一种美味的吃法是就着煎土豆，用当地话说就是毛洋芋下油茶，这次没有肚子体验了，留到下次吧。人们常说如果对自己都没有信心的话，很少有人会对你有信心，这碗油茶里除了有看得见的食材，还有看不见的自信。

我们的世界就是自己的眼界，世界上有些事物的存在是超出我们认知边界的，保持探究和好奇心，有包容开放的心态，肯定有利于我们的心智发展。

西藏拉萨

虽然布达拉宫各个角度的摄影作品数不胜数，到了拉萨还是想拍一张独特的布达拉宫的照片，但是想象力有点缺氧，一直没有拍到令自己满意的布达拉宫。去看大型实景剧《文成公主》，在入场前几分钟透过一扇窗远眺布达拉宫，美国抽象派画家马克·罗斯科的画突然浮现出来，这也算是向他致敬吧

美国

小红帽

美国

展览

中国

中国红，心愿美

重庆沙坪坝

特立独行的一朵花。
费孝通说："各美其美，美人之美，
美美与共，天下大同。"

四川大竹　　　　　　宴会上来了个小家伙，它装饰了略显单调的餐桌

笑笑笑……
头顶上的笑脸为生活
带来喜悦

云南腾冲

冷冷冷……
茶壶也穿上了毛衣，
生活也是艺术

重庆南岸

感受四季的美

马特·海洛曾说过："快乐出现的时候，享受快乐。"四季的变换是最能直接感受到的快乐，这种快乐是由四季变换的美带来的——春花灿烂，夏夜蛙鸣，秋高气爽，冬雪浪漫。

随着季节的变换，大地给出的食物也不尽相同，中国人又特别爱把节日"放"在嘴里，让人们在欢度佳节时，饱食美味，感受到美。一年之始，家人团聚的春节有寓意团团圆圆的汤圆；立春时要吃春饼叫"咬春"，不然就愧对春天，当然青团也要安排上，椿芽炒鹅蛋也只有在这个季节才会摆上餐桌；端午节有粽子，从简单美味的清水粽到口味复杂的嘉兴粽，吃粽子时还要想到屈原的情怀；月饼是秋天的味道，正宗的五仁月饼好吃到眼泪不争气地从眼角流出来；窗外雪花飘飘，冬至的羊肉汤锅，咕噜咕噜地冒着泡，暖气氤氲缭绕在心里，让人们真真切切地感受到四季的美。

世界的美好稍纵即逝，还好有四季轮回。四季变换本是自然的日常，但让我们感受到了美、美在四季，美在我们身边。

重庆南开中学　　　化学的色彩、规律也很美

让孩子有走进人文科学的原动力

出生在日本福冈县福冈市的大隅良典，说到自己的成长过程非常有画面感："小时候热衷于飞机模型、半导体收音机的制作，夏天喜欢在小河里捞鱼、捕萤火虫、采集昆虫，手持网子在野外一走就是一天。采筑紫、野芹菜、木通、杨梅、野草莓，能够感受自然的四季变迁。"由于有这样的经历，让他始终保持了一颗对大自然和世界的好奇心，2016 年，他因"在细胞自噬机制方面的发现"而获得诺贝尔生理学或医学奖。

成长环境中有青山绿水，有花草虫鱼，有飞禽走兽，有草地雪山，有荒漠绿洲；有玩耍，有自由；有爱好、有好奇心、有个性，有动手、有思考与探究，这些都是引领孩子走进人文、科学世界的原始动因。

这让居住在大都市的父母在抚养孩子时面临很大的挑战。现在，大多数孩子一出生就是电梯房、高楼大厦，孩子想要看花草鱼虫都只能通过人造景观，或是到植物园、动物园、海底世界公园，缺少亲近自然的机会。他们简单地认为，这些东西本就是这样，自然就会少了那一点儿好奇，少了一点儿数星星孩子的天真烂漫。当他们懵懂时，所供消遣的玩意儿无外乎是各种玩具和电子游戏，各种沉迷，各种醉。当他们需要读书时，大多数家长眼前的首选是让孩子上好的中小学，进好的大学。其实，这些都理应受到尊重，即使进入了顶级大学也只是人生的阶段性成功。人生路漫漫，怎样让孩子走得更稳、走得更远，不是进好大学就能解决问题的。

亲近自然不是一句空话，在自然中探寻孩子的兴趣或许更有用吧。

法国波尔多

天上的云是大自然的风景，
地上的雾是人想象力的结果
（波尔多加龙河边的雾状喷泉）

奥地利萨尔茨堡　　　在莫扎特故乡的露天市场，商品都显得有韵律

瑞士圣莫里茨　　　　自然才是名垂千古的名画

123

法国波尔多

雕塑的价值首先是取悦
我们，如果还有知识性
和思想性就更好了

上海　　　　　雕塑与人相映成趣

北京　　　　　青蛙王子是在等公主吗?

去国尼斯　　　　　　不平衡的美

意大利威尼斯

城市雕塑已成为城市风
景中不可分割的一部分

意大利佛罗伦萨　　大卫已然是城市名片

用艺术的方法赶走沮丧，
用艺术的方法慰藉心灵

美国底特律　　　　雕塑和行人

重庆渝中

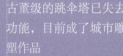

古董级的跳伞塔已失去功能，目前成了城市雕塑作品

美国纽约

在东方人的眼里这就是红色的骰子

131

意大利佛罗伦萨　　有趣的人可以让平淡无
奇化（画）为一笑

美国芝加哥　　艺术家称这个城市雕塑
为"云门"，但是普罗
大众更愿意叫它"豆子"

瑞典斯德哥尔摩　　　　城市雕塑让城市鲜活起来

法国巴黎

远远地看着埃菲尔铁塔，像少女的身姿，不再高大冰冷、咄咄逼人

瑞典斯德哥尔摩

车主一定是个热爱生活
而有趣的人

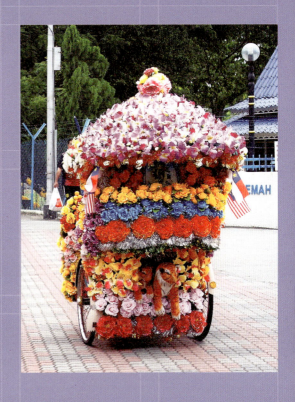

马来西亚马六甲　　　　车主有一颗色彩缤纷的心

卡塔尔多哈　　　现代大都会依然需要传统产业来衬托

中国香港 　　　一艘船柔软了大都市的性格

中国敦煌　　　"大漠茫茫升紫烟，仙池有水月牙泉。"一汪泉，让沙漠也温柔起来

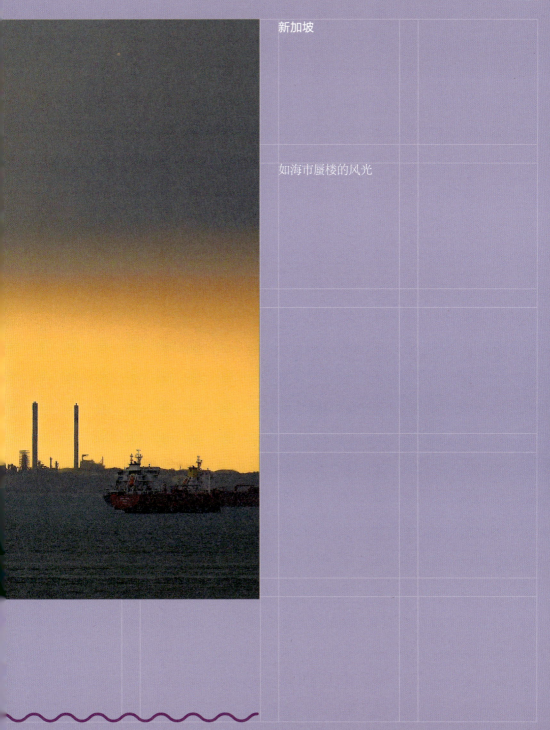

新加坡

如海市蜃楼的风光

四川大竹

38 万公里外的月光倒映
在水面上，有古月照今
人的感觉

新加坡

地球共婵娟

观美展是给浮躁的心绪来一次 massage

重庆大学城

日本福冈　　　　　　琴瑟和鸣后的安静

美国纽约

节奏变化是事物发展的基础，但是反复、对应和整齐划一的抒情性节奏形式也让人舒适

中国重庆　　　　　　美食永远是治愈系的 NO.1

瑞士卢塞恩　　　　　美食是一首经典老歌

法国巴黎

有幸在巴黎圣母院大火前和它有几面之缘，对其进行修复也许使"永恒"有了新的解释

尚美的情怀

美育到底有什么用？这是我们永远需要回答的问题。

2020 年东京奥运会上的首枚金牌被我国女子 10 米气步枪选手杨倩夺得，因为拍摄角度的缘故，电视转播大屏幕上杨倩涂成粉色的指甲尤为夺目。在新浪微博上，杨倩的珍珠美甲话题有超过 3.1 亿次阅读、4.7 万多个讨论，网友们说"指甲越粉，开枪越稳"。这美艳的粉色给大家留下了深刻的印象，从中也看到杨倩拼搏的事业中丰润而有趣的人生。美育不需语言，它可直达心灵，铸就人的意志和情怀。

蔡元培先生说过："要用美育提起一种超越利害的兴趣，融合一种划分人我的偏见，保持一种永久平和的心境。"这是先生在告诉我们美育的作用。

是的，美育可以让我们感知世界、崇尚自然，获得美的熏陶和感染，从而培养积极健康的审美趣味，带来平和的心境和细腻的感知能力，能与外部世界和谐地相处；美育可以陶冶人的心性，使人格发展顺利而健全，在不完美的世界里获得人类美好的情怀，提升自己的精神世界，超越世俗利害，使人格更加健全，获得崇高的尊严；美育还可以让人获得更精彩的表达能力和深刻的思考能力，使自身的创造力找到各种适合的渠道进行完美释放，吸引更多志趣相投的人一起拥抱世界。

美育不仅是艺术教育，更是超越技术层面的"以铸以陶"，是对人心性的润育，是在平凡的日子里铸就我们有趣人生的过程，是让人生有情义的滋味，让我们与周围事物共情，对世界充满爱、温暖和好奇。美育让我们有获取幸福的能力，能创造出美好的未来。

总之，美育能让我们过上有情、有义、有趣的生活。

天津南开中学

喜欢海棠花的人善解人意、有同理心，能温暖他人。喜欢海棠花的校友很帅

海棠花开

重庆南开中学的校园里一年皆绿色，四季有花香。为了让校园的每一个部分都成为育人的元素，学校在各种植物上都挂了标识牌，上面有植物的学名、科属、别名和特性等信息。如果还想进一步了解这种植物的有关知识，扫一扫标识牌上的二维码，即可获得这种植物的详细信息。

四月到了，天津南开中学的校园里有一大片海棠，艳丽的胭脂色的花竞相开放，美不胜收。这美景不禁让人脑海里浮现出周恩来校友走在西花厅海棠树下欣赏海棠花的画面——他是爱海棠花的人。我们熟悉他有"为中华之崛起而读书"的雄伟少年志，熟悉他日理万机为共和国的繁荣富强呕心沥血，熟悉他和邓颖超的旷世爱情，但他是"海棠男神"并不为大多数人知。新中国成立后，由于中南海西花厅植有海棠，周恩来总理与夫人邓颖超便选择居住在西花厅，并在这里度过了后半生。

雕塑大师罗丹曾经说过："这个世界并不缺少美，缺少的是发现美的眼睛。"周恩来总理给我们树立了很好的榜样。

又一年秋天，再次来到天津南开中学校园里，生性雅达的周恩来总理最喜爱的海棠树已硕果累累，海棠果色泽艳红夺目，这里像一幅美丽的画卷。如您所愿，盛事就在眼前——中国已是您想要的样子，"你看花的背影，仿佛就在昨天，就在我的眼前"。

"不为无用之事，何以遣有涯之生。"海棠花是美的，海棠果也是美的，我们每一次的发现都是与美的邂逅，都是我们生活中的一次感动，都是我们生命的一次成长。在这些不经意的过程中让我们的老师和学生去享受美和创造美，学校将培养更多"为中华之崛起而读书"的少年成为社会的有用之才。

重庆南开中学　　　　师生情

学生成长，教师成才

在甘孜督学遇到一位牛人——巴松邓珠老师。第一次遇到他是在教师座谈会上，他自我介绍说是藏文书法老师，由于没有这方面的知识背景，几乎就认为他是书法老师。第二次见面是去他任教的甘孜县民族中学对义务教育均衡发展督学，走进他的课堂如同走进了藏文书法的艺术世界。他以 1000 多年前的康体藏文书法为基础，既保留了传统文化特色，又融入了现代元素、逶迤圆转、自然流畅、刚柔变化、独具魅力，有非常高的艺术欣赏价值。

巴松邓珠老师是位"70 后"，出生在书法世家，在藏族文化的熏陶下成长，藏族文化艺术造就了他独特的气质。还没上学的时候他就开始识字、写字，6 岁开始受祖辈的指点，进入藏文书法世界。后师从藏学家、藏文书法大师等，经过自己的刻苦努力把天赋转化为了成功。2015 年，巴松邓珠被四川省文化厅批准为"省级藏文书法传承人"，2016 年被选为"四川省十佳文化志愿者"。

值得一提的是，巴松邓珠创作了《格达弦子藏文书法长卷》，这件作品宽 0.8 米、长 180 多米，成功获得上海大世界基尼斯总部授予的"世界之最"称号。走进巴松邓珠老师的藏文书法世界，就像走进了文学的神秘世界，走进了音乐、舞蹈的灵动世界，时而安静时而活泼，时而飘逸时而刚劲……

"春蚕到死丝方尽，蜡炬成灰泪始干"，这是老师的一种选择，但不是最好的归宿，"学生成长，教师成才"才是"教学相长"最好的诠释。"师高弟子强"是中国古人对教育很好的总结，教师的专业素养不断地向高水平发展，看似受益的是教师，其实最大的受益者是学生。

有巴松邓珠这样的老师，甘孜县民族中学学藏文书法的学生有福了。

重庆五云山寨

美国纽约

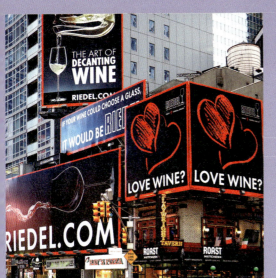

把心情揉入陶器里。心形常被赋予热情、纯洁和爱的寓意，这是一个全世界都能读懂的符号

天津南开中学

笑容

2008 年的夏天，在第二十九届奥林匹克运动会开幕式上，当"我和你，心连心，同住地球村。为梦想，千里行，相会在北京……"的主题歌在"鸟巢"中唱响时，体育馆里出现了北京奥组委用近一年的时间向全球征集而来的 2008 张世界各地儿童的笑脸，主题歌和不同肤色儿童的笑脸交相辉映，让开幕式表演达到高潮，并且形象生动地诠释了北京奥运会"同一个世界，同一个梦想"的主题。2008 个孩子的笑容，深深打动了全世界和平爱好者的心，这就是笑容的魅力。

笑是刻在人类基因里的密码，笑容是最迷人，也最容易感染人的表情，这也许是卢浮宫里达·芬奇的《蒙娜丽莎》前永远人山人海的原因。

第一次站在《蒙娜丽莎》真迹前还是让我吃惊不小，之前"千百次"地见过她，没想到画幅比我想象的要小很多。来看她的人实在太多，几乎不可能太靠近，加上防弹玻璃，多少影响了画面本身的质感，这让观赏体验大打折扣，但又有什么关系呢？蒙娜丽莎的微笑还是一如既往的高贵优雅而迷人，我十分欣慰地对自己说"总算看到真的《蒙娜丽莎》了"。

到美术馆、博物馆观赏艺术原作，是最好的美育之一。与艺术作品面对面，透过作品和艺术家的思想对话，唤起自己内心从来不曾有过的强烈感受，体验自己心灵深处的情感共鸣，也许还会达到忘我的境界。无论是作为游客蜻蜓点水式的快速阅览，还是专业人士的学习研究，都不可低估美术馆、博物馆的美育作用，因为这时一个新的世界向你敞开了大门。

进入美术馆、博物馆，在艺术品的环绕下，也许有灵感闪现，也许有内省和沉思，不管有或没有，艺术带给了我们最宝贵的东西——我们被教育、被启迪、被接纳、被治愈。生活中也许还有很多苦闷烦恼，工作中或许还是行色匆匆，但是那一刻我体验到了心灵的自由。

美国旧金山　　　　　　读书是巨大的享受（分享好奇心，一起阅读）

给古书一个枕头，让它放松心情不得颈椎病

美国西雅图　　　　　　不一样的雕塑——书雕

新加坡   "我的眼里都是你"，
恋人之间的凝视

重庆南开中学

早读

美国纽约

书中自有长寿方

沙南街一号的故事

重庆南开中学建校八十周年校庆时，微博和短信收到了许多不吝赞美之词的祝贺信息。其中，有一条给我的印象很深，那是关于沙南街一号的情结。写私信的是一名南开业已毕业的学子。她告诉我，听着《沙南街一号》单曲循环，不知不觉就睡着了，泪眼蒙眬。歌曲中的词和意象把记忆中珍藏的东西挖出来，这种记忆埋得越深，心底的眷念就瞬间蔓延开来，以境入梦，神游南开。

《沙南街一号》是南开毕业学子黄雨篱以对重庆南开的回忆为主线，为庆祝母校八十岁华诞而作的。这首歌现已传遍大江南北、大洋西东。歌词表述了黄雨篱曾经在南开的生活、在南开的故事。用他自己的话来说，这首歌是自己一旦提笔就可以顺利写到结尾的。

熙熙攘攘的沙南街，沉淀下来的是在记忆中扎实生根的东西，歌乐山上飘过的雪，三友路上风送来的香，黄葛树下随金叶飞舞的梦想。许多学子如黄雨篱一样对南开有一种深深的依恋，特别是远离时，这种情结被拉得绵长。

沙南街一号是一个地名。这里有情结万千的桃李湖，有厚重古朴的津南村，有温馨沉香的三友路，但是当人们在这个地方为各自梦想相聚而奋斗时，时光的碎片洒落在记忆的深海中。当一些回忆被激发，就有了共同的回忆、共享的青春和共有的情怀。沙南街一号作为地名的功能逐渐被淡化，进而被解构、升华为一种美好的精神信仰和价值符号，是披荆斩棘的奋斗精神，是勇于直面矛盾的担当精神，是日新月异的创新精神，是敢为人先的拼搏精神，是舍生取义的牺牲精神。

重庆南开中学　　　集体的力量

重庆南开中学　　　了解其他国家或民族的文化，也是很好的学习

重庆南开中学

学校的小型音乐会，艺术实践是有效的美育方式

重庆大渡口　　　　　　年年有余

云南丽江　　　　　喜庆的对联

重庆梁平　　　　　　　摸"福"。"福"不仅是一个字，而且是中国人的
　　　　　　　　　　精神图腾之一，还是对未来美好生活的祝愿

181

梵蒂冈　　　　　　艺术细节里的宏伟历史

卡塔尔伊斯兰艺术博物馆 由著名华裔建筑师贝聿铭担纲设计，浓缩了一个国家文化的精华

美国西雅图　　　　　　时间酿出浓郁的酒

美国西雅图

面朝大海，回忆春暖花开的过往

贵州铜仁

徒步梵净山让人筋疲力尽，而轿夫不但要走路还要抬轿，此景使人心生悲悯。"共情"是人性的美好

美的样子

朋友得了癌症，去探望她，她看起来精神状态很好，也有战胜病魔的勇气和信心，让我倍感欣慰。不久前收到她寄来的一只茶壶，感谢我对她的关心和鼓励。不知是包装不善还是邮寄过程不妥，我收到时茶壶已经破了，但是她的心意我感受到了，也领受了。茶壶的事不能告诉病中的朋友，希望这件事是一个反喻。遗憾的是，寄茶壶来的朋友最终没能战胜她的对手。

另一位朋友知道了这件事，也想表达一点儿心意，就把破了的茶壶拿去找人做金缮。这把有故事的茶壶在金缮的加持下必定起死回生，真是让人高兴。人生有很多的不如意，面对这些不如意决不要手足无措、更不要掩盖，要坦然面对，像金缮技艺一样对不如意的包容和提升，用最贵重之物——金，修补残缺，这种技艺表达了一种面对不完美时的态度，坦然接受，精心修缮。巧夺天工的技艺让破了的茶壶已不是原来的样子，是一种特别的样子，是美的样子。

在"鸣家"专栏里看到游江写的一篇文章，里边尽是"葱茏花透纤纤月，一双蝴蝶绕墙飞""猫娃最喜欢盒盒箱箱，它们以此为蜗居""坐在室外虽有那么一点儿热，可有邻家妹子客气地送来红的樱桃……这教我如何是好，是后看书还是先吃？"我喜欢他的文笔和人生哲学，因为这些都是他眼里美的样子。这些样子不是生拉活扯的图像，也不是"强装出来的笑容"，这是真实的生活，所以是美的样子。

真实的生活就是美的样子。

意大利威尼斯　　　　　对工作有热情就显儒雅气质

风信子的花语是"点燃
生命，享受人生"

重庆

美国华盛顿　　　　　影片《肖申克的救赎》的作者斯蒂芬·金说：
　　　　　　　　　　"万物之中，希望最美；最美之物，永不凋零。"

重庆南开中学

希望在发芽

三友路上遍地珍珠的故事

留在南开学生记忆深处的事物很多，我想其中一定有三友路，而冬天三友路旁蜡梅的芬芳，又定是这些记忆中的珍珠。一到冬天，整个校园里暗香浮动，特别是在隆冬的深夜，清冷的空气里裹着蜡梅的气息，可让混沌的大脑马上复醒，其实在那种香气面前，语言是很苍白无力的。

一株株蜡梅，有的含苞待放，有的已经怒放，散播着淡雅、恬静的清香。这些蜡梅花朵以及它们释放的芬芳就像珍珠连线般，线线相连，淡雅的芳香将整条三友路笼罩在芬芳的王国，清香也醉人。

蜡梅已开多日，我一直想去拍照，由于事务繁忙一直没有机会。终于在天气晴好的中午，我抽空拿起了相机。当我想取景拍摄时，才发现蜡梅的花形、色彩确实貌不惊人，几乎让我无从下手。想来也是有道理的，"上帝"没有给它闭月羞花的容貌，一定会让它在其他方面有过人之处——拥有让人心动而高雅的香气。当然，像玫瑰、香水百合这些又有姿色又有花香的宠儿也是有的，但不多，这可能是"上帝"的疏忽。

"上帝"关上了一扇门，一定会打开一扇窗，而很多时候这扇窗要靠我们自己来开启。

美国西雅图　　　　最美好的生活是：忙得所值，闲时有趣。友好学校老师的收藏品是棒球帽——成为自己世界里的"亿万富翁"

美国纽约　　　　　　课堂教学是习得知识的重要途径

阿根廷布宜诺斯艾利斯　　　　歌剧院变身书店，为的就是让人体验"美"

英国牛津大学　　　秋天的数学桥，理性也可以很美

歌剧院变身世界最美书店

书店在我国古代被称为书肆，最早出现在汉代。后来有各种称呼，如书铺、书棚、书堂、书屋等，而书店之名最早见于清朝乾隆年间。在中国近代史上，书店也叫书局，重庆现在还有叫大众书局的书店。

据说世界上尚在营运的最古老的书店在葡萄牙首都里斯本，名叫伯特兰书店（Bertrand bookshop），它创立于1732年。近300岁了，真够老的!

你知道世界上最美的书店在哪里吗？在阿根廷首都布宜诺斯艾利斯，名叫雅典人书店（El Ateneo）。早在2008年，这间书店就被英国《卫报》评为全球第二漂亮的书店。目前《国家地理》直截了当地把它评为全球最美书店。如果你在布宜诺斯艾利斯市内的Recoleta街区散步，很容易错过这间书店，因为它的外观像很多书店一样并不十分抢眼，但它确实不同凡响。刚走进去，门厅显得中规中矩，或许你会怀疑攻略信息的真实性，但是走过门厅进入大厅后马上又会被震撼到——这是由一座建于 1919 年的歌剧院［大光明剧院（El Gran Spledid）］变身而成的书店。书店坐落在圣菲大路 1860 号，该地是布宜诺斯艾利斯最繁华的地段，也是该市的中产阶层集中之地。建筑师 Fernando Manzone 将这座歌剧院改造成经营面积近 2000 平方米的宏伟书店。歌剧院富丽堂皇和金碧辉煌的风格被完美地保留了下来，现在看到的书店里还有各种精美的浮雕、华丽的铁艺和精致的柱子，特别不能错过的是它的天花穹顶，主题是世界和平，美得让人目眩，这是由意大利画家萨纳雷诺·奥兰迪绘制的。歌剧院的包间也被保留了下来，成为人们在柔美灯光下阅读的小空间。

让人吃惊的是，拉开的金丝绒帷幕后的舞台完全变成了一个咖啡厅。人们可以在舞台上边看书边喝咖啡、品甜品，这种体验犹如万众瞩目下的歌剧表演，剧情就是手中书里的各种情节。遗憾的是，作为匆匆过客，我不知道舞台上咖啡的滋味。

芬兰赫尔辛基　　　　　爱屋及乌。精彩的演出结束后，观众与喜爱的演员合影

爱沙尼亚塔林　　　　音乐是没有国界的语言

瑞士日内瓦　　湖旁，每天早晨 6:00—7:00 都有一场小型迎曙光音乐会，太阳和音乐一起升起，很美很震撼，想去欣赏一定不能睡懒觉。音乐是滋润人心最好的甘露，在学习科学的同时，一定要有艺术相伴，才能走得稳、走得远

英国爱丁堡

天地间就是舞台，演绎中外古今故事；天地间也是课堂，学习古今中外技艺

美国旧金山

对美要学会欣赏、理解
和表达

奥地利萨尔斯堡

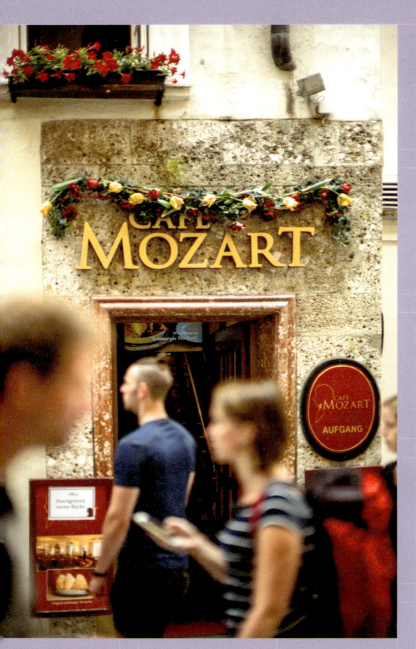

莫扎特不仅是音乐，
也是一杯咖啡

音乐是生命的本能

某天到一楼盘的销售大厅。出乎意料，这里竟有弦乐四重奏！拿一杯配送的茶和免费的小吃，坐在角落里慢慢欣赏。可是，渐渐地人声鼎沸掩盖了乐音，让我心烦意乱，看来音乐是听不下去了。

这可是销售大厅，在房价似雨后春笋般的今天，人们才没有闲情逸致在此停下商业逐利的脚步。在这里，房价、户型、环境才是主角，音乐请靠边休息吧！看来我是一个不识时务者——永远当不了俊杰。当静下来时，我发现，不识时务者还有一个小朋友，而且他比我更有耐心、更投入，心无旁骛地听了一首，一首，再一首……与嘈杂声无关，与房价无关，世界是自己的，与他人无关。在这小朋友面前我真感到汗颜，开发商或许也不曾想到有这样的效果。弦乐四重奏出现在这样商业味十足的环境里显得有些怪诞，但是看到有这样专注地听音乐的小朋友也就不觉怪异了。

是不是现在的成年人已没有耐心放慢脚步来看一下身边除了房子、车子、票子、位子……的很多精彩？有时我们也需要放慢脚步，也需要心灵慰藉，需要一点音乐，需要一点童心。

看到这一场景，真正领会了"音乐是生命的本能"。

巴西里约热内卢　　　涂鸦"渐欲迷人眼"，文化的多元也是美

意大利威尼斯　　　　像走进电影的布景里——前面的人在拍风景，我在风景里拍"你"

美国西雅图

新加坡

教学楼走廊上的艺术品
会影响学生的感知

新加坡

美国密歇根州安娜堡

涂鸦,让教室充满想象力

有人说"人类的一切我都不陌生",我的学生是否也应有这样的自信?

南开的课程体系中有一类非常重要的课程——隐形课程。这种课程是让学生们在南开中学的校园环境和文化熏陶下自觉、主动获得体验、价值观和理想,塑造与完善自我人格。优化学校的整体育人环境,一直是学校的重要工作之一。

唐朝卢仝说他顽皮的儿子乱写乱画是涂鸦,可是现在涂鸦已逐渐成为带有现代色彩的街头艺术行为。在学校里涂鸦,我有这个想法已经有几年的时间了,这种在国外街头、美术学院常见的大众艺术要放在南开这样一所名校里需要从内容、形式到地点都进行认真考虑。没预料到,这个想法得到了四川美术学院郝大鹏校长的鼎力支持。

"我是爱南开的"，这句周恩来校友说的话就是这次涂鸦的内容，形式是英文。翻译还费了点周折，夜深了容怡还找"牛人"来斟酌，后来大家一致觉得用"I am loving Nankai"比较贴切。地点在美术教室里，因为已有了一间布置得非常中国和传统的美术教室了，现在再布置一间前卫和有现代风格的美术教室。与美院城市雕塑设计院的王比院长沟通得很顺利，两天后他们就做出了几个方案，选择、修改，曹老师带学生用两天时间把方案变成作品，一切都是那么完美。

我希望学生走进这间美术教室不要太吃惊，希望他们在这样的教室里学习美术，思维更敏捷活跃，想象更多彩丰富，习作更绚丽夺目。

美国 | 新加坡 | 印度尼西亚

父子情深——有爸爸在我身后，哪里都敢去

美国西雅图

苏茜一家，陪伴是
最长情的告白

让经历成为财富

新冠肺炎疫情就这样猝不及防地来了。本该开学上课，但为了预防病毒传播感染，学校采取禁足措施，大家只好在家办公、学习。刚开始，情绪无法适应，难免心生抱怨，到后来，慢慢适应，心情松弛了不少。禁足一月有余，奇怪的是完全没有体力活，也感觉腰酸背痛。

值班日回学校，门岗的保安哥哥不认识我了，大惊。有篇推文说戴口罩会让人变帅，暗自窃喜，是不是我变帅了？其实不是，两个多月没理的长发遮住额头，大口罩盖住大半张脸，即使练有火眼金睛的保安哥哥也认不出我是谁了。谁说的戴口罩会让人变帅，反正我不信。不管变不变帅，口罩是一定要戴的。

值班有一项工作就是巡查校园，一个人奢侈无比地走在偌大的校园，欣赏着到处盛开的鲜花。在三友路上，打开给流浪猫装点心的包装袋时，那声音无比巨大，平时这声音根本听不到，完全被掩盖在各种城市噪声和学生的喧哗声里，这着实把我吓了一跳 —— 太安静了，有

"人气"对学校来说是多么的重要。

一个月本不算长，但在各种疫情信息蔓延到泛滥的日子里，焦虑不安让这种日子显得特别漫长，家里有中小学生的父母更是如此，每天要照顾孩子上网课、检查作业，几乎天天是"鸡飞狗跳"的日子，"母慈子孝"的风景成为奢望。一位学生家长看到"重庆学校的疫情防控地方标准出炉，分时错峰入校离校，停止举行开学典礼等大型集会活动"的新闻，马上给我发"神兽要归山了，哈哈"的信息，显得如释重负。其实"停课不停学"的状态还会持续一段时间，我和他的心情是一样的，希望老师们早点回学校当"驯兽师"。

被誉为"神兽"的学生的日子也不好过，踩着废掉眼睛的节奏上网课，平时有不顺心的事还可以向同桌、同学倾诉，打闹一番，宣泄一下，还有各种喜欢的讲座、社团和活动，都可以平复学习压力带来的烦躁情绪。现在可好，天天必须面对屏幕，运动也只有简单的徒手操，各种球类都成了梦幻运动。但是，任何时候，学生的主要任务就是学习，学习地点、方式和时间的变化不会改变学习任务的基本属性——努力获取知识，促进能力的提升。根据疫情发展情况，教育部明确要求大中小学、幼儿园等开学开园时间原则上继续推迟，目前各种忍耐必须是常态。

一个朋友，大学老师，上网课时学生喊老师把他家的猫放在视频上，他们想要云撸猫，朋友只能发一个无奈的表情。学校"教育信息化群"在几年前就组建了，上面的交流也是波澜不惊，自从"云课堂"开始后，这个群也是风起云涌："方便的时候可以再发一下录课指南的 PDF 文档吗？""Word 审阅有墨迹书写，我这个电脑不知为啥总是灰色？""高手们，请问腾讯会议需要的流量大不大？""原始文件 800 多兆，真的压到血肉模糊。"——一个老师半开玩笑地说：

"'网红'真不好当。""我课里有一段视频，录课时在电脑上播放了的，但是现在回看发现完全没有声音，我该怎么办呢？"发送这条信息的老师，想必已解锁了吧。

经常提醒自己做好眼前的事，把学生、老师的学习、工作和身心照顾好，底线也应该是做一个不给别人添麻烦的人，但是有力使不上劲的感觉不时出现。为了给学生邮寄教材，一众人到学校参与投递工作，因是体力活，口罩很快被打湿，必须换掉。"口罩不够了"，在平时这是很小的一件事，在疫情期间解决起来就需要多部门的配合和努力。"把眼前的事做好"，真不是一件容易完成的任务。

不知谁说过"经历必成为财富，吃过的饭、走过的路，都会变成自己的样子"。不管是用橡皮擦还是涂改液都不能抹去这段日子的痕迹。

法国波尔多

有趣的人配得上世间的一切美好。世界中学生田径比赛结束后，中国大陆和台湾地区的同学准备合影留念，按下快门的一瞬间，一个黑人同学来了一个高高的空翻，挡住了镜头，大家在吃惊之余后把欢笑送给了他。有趣，是一束照进沉闷现实的光，赶走雾霾阴雨，带来快乐

美国旧金山 捡垃圾——让我们所处的环境更美

德国汉堡 对动物的友好态度是人类文明的重要标志

新加坡

小朋友是动物最真诚的朋友

227

瑞士圣莫里茨　　　　　窗和窗外构成一幅画，被看见

意大利佛罗伦萨　　　　童年的快乐，成年的回忆，永远的旋转木马

美国纽约

在博物馆里学习是非常
好的方法，只是我们还
需要时日

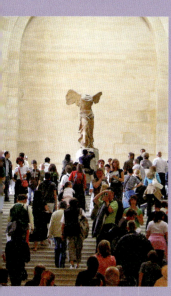

法国巴黎卢浮宫

让自己不无聊，最好的
办法就是靠近艺术

《断臂维纳斯》——卢浮宫的三宝之一

瑞士少女峰　　　　　自由是最浪漫的事

233

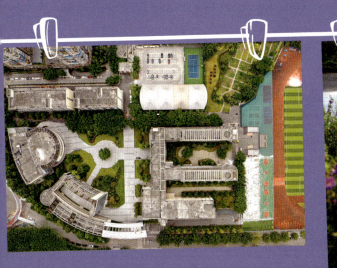

图书在版编目（CIP）数据

赏心乐事：一位中学校长给青少年的三堂美育课／
田祥平著. -- 重庆：重庆大学出版社，2022.9
ISBN 978-7-5689-3271-4

Ⅰ.①赏… Ⅱ.①田… Ⅲ.①美学—青少年读物
Ⅳ.①B83-49

中国版本图书馆CIP数据核字（2022）第083615号

艺书+

赏心乐事：一位中学校长给青少年的三堂美育课

SHANGXIN LESHI:
YI WEI ZHONGXUE XIAOZHANG GEI QINGSHAONIAN DE SAN TANG MEIYU KE

田祥平　著

策划编辑：张菱芷

责任编辑：张菱芷　　书籍设计：薛冰焰

责任校对：夏　宇　责任印制：赵　晟

*

重庆大学出版社出版发行

出版人：饶帮华

社　址：重庆市沙坪坝区大学城西路21号

邮　编：401331

电　话：（023）88617190　88617185（中小学）

传　真：（023）88617186　88617166

网　址：http://www.cqup.com.cn

邮　箱：fxk@cqup.com.cn（营销中心）

全国新华书店经销

天津图文方嘉印刷有限公司印刷

*

开本：787mm×1092mm　1/16　印张：16　字数：229千

2022年9月第1版　　2022年9月第1次印刷

ISBN 978-7-5689-3271-4　定价：88.00元